NOTICE

SUR LES

GRANDES FORMATIONS GÉOLOGIQUES

DES ALPES DE LA MAURIENNE

ET DU

PERCEMENT DU TUNNEL

Entre Modane en France, et Bardonnèche en Italie

Par L. ROLLAND-BANÈS

Ingénieur Civil des Mines, au Havre, Membre de la Société Nationale
Havraise d'Etudes diverses, de la Société Géologique de France,
et Membre correspondant de plusieurs Sociétés savantes.

(Extrait du Recueil des Publications de la Société Nationale Havraise d'Etudes diverses.)

HAVRE

IMPRIMERIE LEPELLETIER

1871

33880

NOTICE

SUR LES

Grandes Formations Géologiques des Alpes de la Maurienne

ET DU

Percement du Tunnel

Entre Modane en France, et Bardonnèche en Italie

———— ·>=◦◦=<· ————

L'année dernière, notre honorable collègue, M. Dousseau, donnait communication à la Société d'une *Notice sur les Alpes*, au point de vue de la nature grandiose et pittoresque de ces magnifiques montagnes qui sont, sans contredit, les plus élevées et les plus imposantes de l'Europe.

J'ai donc pensé que, cette année, une notice sur les formations géologiques d'une partie fort remarquable de ces grands soulèvements du globe pourrait présenter quelqu'intérêt à la Société ; car, autant les montagnes des Alpes frappent l'imagination et la vue des touristes par leur imposante majesté, autant l'étude des roches qui les composent présente d'attraits aux géologues qui cherchent à se rendre compte, et à expliquer les nombreuses révolutions qu'a subies l'écorce de notre planète.

En septembre 1861, la Société géologique de France ayant eu sa réunion extraordinaire à St-Jean-de-Maurienne, j'ai saisi avec empressement cette occasion d'étudier en *dix ou douze jours* les formations géologiques de cette contrée, étude qui, pour un géologue seul, livré à lui-même, exigerait plusieurs années.

La Société géologique, en choisissant St-Jean-de-Maurienne pour lieu de sa session extraordinaire, avait proposé le programme suivant :

« Etude aux environs des bains de l'Echaillon, des
» couches douteuses (gypses, schistes bariolés) placées entre
» les terrains cristallisés et le lias, le grès à anthracite, le
» lias et le terrain nummulitique des environs de St-Jean-de-
» Maurienne ; les grès du Tunnel de Modane et les roches
» feldspatiques sur lesquelles ils reposent ; les dolomies
» fossilifères du fort de l'Esseillon ; le tracé du Tunnel entre
» Modane et Bardonnèche ; les divers terrains d'Oulx ; les
» anciennes moraines de Cézanne ; les euphotides du Mont
» Genèvre ; les calcaires du Briançonnais, les anthracites des
» hautes Alpes et la mine de plomb argentifère de l'ar-
» gentière. »

Avant de passer à l'étude de ce programme je dois constater ici que jamais réunion extraordinaire de la Société n'a été plus nombreuse : soixante membres environ, auxquels s'étaient adjointes vingt personnes étrangères, soit quatre-vingt géologues ; et je dois ajouter, en quelques mots, que la Société a été admirablement accueillie à St-Jean-de-Maurienne.

C'était en effet l'année de l'annexion de la Savoie à la France, et les habitants de ces contrées ayant parfaitement compris que les études géologiques conduisent souvent à des résultats industriels par suite de telles ou telles découvertes, se sont exprimés de la manière suivante par l'organe de leur maire à la séance d'organisation du bureau de la

Société. « Si la science en disant son dernier mot peut
» nous laisser l'espoir que le combustible minéral tant dé-
» siré dans nos vallées y existe d'une manière notable, la
» Maurienne devra sa prospérité à la Société géologique, et
» les générations futures conserveront le souvenir de tous
» les hommes qui auront concouru à cette grande dé-
» couverte.

« Quels que soient les résultats de vos efforts et de vos
» études, recevez, Messieurs, nos vifs remerciements d'avoir
» choisi pour lieu de votre réunion la ville de St-Jean-de-Mau-
» rienne qui se fait un devoir de vous offrir l'hospitalité
» dans les maisons particulières de ses habitants et de vous
» inviter à un modeste banquet, présidé par Monseigneur
» l'Evêque. » (1)

M. le maire de St-Jean-de-Maurienne, en attirant spécialement l'attention de la Société sur le combustible minéral de
la vallée de *l'Arc* (rivière), savait qu'en effet l'un des points
principaux sur lequel devait se porter l'attention de la société géologique était celui d'assigner d'une manière définitive la position géologique au terrain charbonneux de cette
vallée ; comme nous le verrons plus loin lorsque nous ar-
riverons à l'étude des grès houillers des environs de St-Michel
et de Modane.

Dans sa séance d'organisation la Société s'est naturellement donnés pour présidents et secrétaires les géologues les
plus distingués des localités avoisinant les Alpes, à savoir
M. Studer, professeur de géologie à Berne, que ses études
approfondies sur la géologie des Alpes ont fait surnom-
mer par ses confrères le *Père des Alpes* ; MM. Lory et
Favre, professeurs aux facultés de Grenoble et Genève, M.
Pillet, géologue distingué à Chambéry, et MM. les abbés
Chamousset et Vallet qui ne se bornent pas seulement à

---

(1) Extrait de l'allocution du maire à la Société géologique.

adorer le créateur de toutes les merveilles frappant nos yeux, mais qui admirent et étudient aussi ses créations, non-seulement dans leur majestueux ensemble, mais encore dans leurs plus petits détails.

Avec de semblables guides, la société a pu, en moins de quinze jours, mettre le doigt sur tous les points remarquables, étudiés pendant de longues années par les savants des localités voisines.

Les coupes géologiques que je vais avoir l'honneur de soumettre à la Société Havraise d'études diverses sont donc le résultat de croquis que j'ai faits sur les lieux mêmes, en présence des nombreux plis et replis des roches, dont j'ai donné l'analyse succincte plus haut, et en présence des nombreuses discussions auxquelles ont donné lieu ces grands bouleversements de la nature.

Ma notice se divisera en trois parties, savoir :

1° L'étude géologique du flanc nord de la Maurienne, depuis St-Jean jusque et au-delà de Modane.

2° L'étude de la montagne à travers laquelle on opère le percement des Alpes entre Modane en France et Bardonnèche en Italie, et cela en traversant le col de la Roue. Cette deuxième partie comprendra quelques notes sur les moyens employés pour le percement du tunnel.

3° L'étude des terrains compris entre Bardonnèche et Briançon, en passant par le Mont Genèvre, suivie de quelques notes sur la mine de plomb argentifère de l'argentière, l'une des plus riches de France.

PREMIÈRE PARTIE

Étude géologique du Flanc Nord de la Maurienne, depuis St-Jean de Maurienne jusque et au-delà de Modane, en suivant la rive droite de la rivière de l'Arc.

Pour mettre la Société à même d'envisager d'un seul coup d'œil l'ensemble des terrains étudiés dans cette première partie, j'ai l'honneur de faire passer sous ses yeux une coupe géologique générale du flanc nord de la Maurienne de St-Jean à Modane,(à l'échelle de 1 à 50,000.) *Pl. 1. Fig 1.*

Cette coupe, dressée par M. Lory, est le résultat des études auxquelles se sont livrés pendant plusieurs années, les nombreux géologues qui ont étudié cette interressante contrée.

Cette coupe générale a son point de départ aux montagnes de Rocheray, entre dans la vallée de l'Arc aux bains de l'Échaillon, passe par le village de Mont-André, par les roches de l'Echaillon, par Greneix, Villard-Clément, Mont-Denis, St-Julien, traverse le torrent de Claret à Serpollière, comprend la montagne des Encombres, le Grand Perron et le col des Encombres dont les altitudes sont de 2,825 et 2,357 mètres.

Ces montagnes se trouvent au nord du village de St-Martin de-la-Porte ; la coupe se continue par les roches Du-Pas-du-Roc, par St-Michel, par le pont de la Sausse, par le pont de la Denise, au nord duquel se trouve la montagne du château de Bourreau dont l'altitude est de 3,128 mètres ; elle passe ensuite par le village d'Orelle, les Ponts des Chèvres et du Fresnay, par le signal d'alignement du Tunnel des Alpes, et arrive enfin à Modane, après avoir parcouru une distance horizontale de plus de 30,000 mètres, et représente l'ensemble des couches géologiques avec leurs nombreux replis dans des montagnes dont la hauteur moyenne est de plus de 2,500 mètres au dessus du niveau de la mer, qui est représenté sur la coupe par une ligne horizontale. M M

Comme on le voit par cette coupe, c'est de la géologie sur la plus grande échelle qu'on puisse imaginer, puisqu'on y suit des replis des mêmes terrains sur des hauteurs de plus de 2,000 mètres au dessus de la vallée, et comprenant les horizons géologiques suivants : les schistes cristalins, azoïques ; le terrain houiller avec ses subdivisions ; le trias inférieur avec ses subdivisions; le trias supérieur et ses subdivisions ; l'infralias, le lias, avec ses subdivisions, et enfin le terrain éocène, également avec ses subdivisions. C'est pourquoi j'ai pensé que ces grands bouleversements du globe pourraient intéresser la société Havraise d'études diverses, qui se trouve au centre d'un pays légèrement accidenté et dans lequel les études géologiques, *fort intéressantes cependant,* ne peuvent avoir lieu que sur une hauteur de 105 à 110 mètres au dessus du niveau de la mer, comme à la Hève et à Octeville, où l'on peut étudier les horizons géologiques supérieurs seulement, comprenant les argiles du kimmeridge, les sables ferrugineux, le gault, l'étage cénomanien ou craie verte, et les craies marneuses à Octeville.

A l'appui de la coupe générale que je viens de mettre sous les yeux de la société, et en étudiant les accidents de terrain, dans chacune des localités dont j'ai parlé plus haut, je produirai des coupes représentant l'aspect géologique des environs de la localité en question. J'y joindrai également quelques échantillons caractéristiques.

Mais avant de passer à l'étude générale de la grande coupe de 30,000 mètres, je dois faire un détour d'environ dix kilomètres, jusqu'au *bourg de la Chambre,* en descendant la rivière de l'Arc. Le vallon de la Chambre présentant une faille très intéressante représentée, théoriquement sur la coupe *Pl. 1, Fig. 2,* et sous son aspect géologique *Pl. 1, Fig. 3.*

Pour bien faire apprécier la différence qui existe entre ces deux désignations, *coupe géologique et aspect géologique*, je dirai que la coupe géologique représente les accidents de terrain, rapportés à une échelle : c'est la *coupe mathématique.*

L'aspect géologique, au contraire, représente les accidents de terrain, vus d'une certaine distance par l'observateur et représentés sur le calepin sans tenir compte d'aucune mesure mathématique : c'est pour ainsi dire une *coupe pittoresque.*

Passant à l'examen de la coupe *Fig. 2.* et de l'aspect géologique *Fig. 3*, du vallon de la Chambre, nous y remarquons la faille qui s'est formée dans les terrains cristallisés, (ou terrains primaires) et qui s'est trouvée remplie par un banc très important de schistes argilo-calcaires, se divisant en feuillets un peu grossiers dans le sens de la stratification, et qui ont donné naissance à une carrière d'ardoises au-dessous des ruines d'un vieux château féodal.

Ces schistes argilo-calcaires contiennent des débris de bélemnites qu'il n'a pas été possible de déterminer ; ils appartiennent au lias.

Ces mêmes schistes, au milieu de petites failles, renferment d'assez beaux cristaux de chaux carbonatée lenticulaire.

Les bancs d'ardoises inclinés à 70° présentent une exploitation qui peut donner suite pour l'avenir à une production importante, car le massif énorme de ces schistes calcaréo-argileux pourrait être susceptible de travaux comparables à ceux des fameuses carrières d'ardoises de Bangore en Angleterre. Malheureusement les schistes argilo-calcaires ne donnent pas des ardoises d'aussi bonne qualité que celles provenant des terrains de transition d'Angleterre, des environs d'Angers, et même de Fumay dans les Ardennes.

Ce que la coupe du vallon de la chambre présente de remarquable surtout, c'est la superposition immédiate du Lias

L aux terrains cristallins anciens ; il y manque, comme nous le verrons plus loin à l'Echaillon, la régularité du trias, représenté en *S. d. G. r.* que l'on voit sur la grande coupe générale en contact avec les terrains anciens.

Cette différence entre deux points situés à dix kilomètres de distance, s'explique par la faille importante signalée au centre du vallon de la chambre.

Avant de quitter cette localité, il convient de signaler dans la montagne de *St-Avre*, à deux kilomètres environ de l'ardoisière de la Chambre, une mine assez importante de plomb argentifère exploitée par six galeries superposées.

Le minerai contient de la galène ou plomb sulfuré à grains fins, ce qui dénote la présence de l'argent accompagné de blende ou minerai de zinc sulfuré ; le tout disséminé dans une gangue de gneiss.

Il convient aussi, avant d'entreprendre l'étude de la grande coupe générale, de dire quelques mots d'une ancienne mine de plomb située dans le vallon de St-Jean-de-Maurienne et désignée sous le nom de mine du Rocheray.

Cette ancienne mine que j'ai parcourue se compose de larges excavations soutenues par des piliers qui dénotent une exploitation assez importante faite par le gouvernement Sarde et abandonnée il y a environ seize à dix-sept ans. Suivant moi l'exploitation aurait été entreprise trop haut dans la montagne et il y aurait plus de chance de succès en pratiquant une galerie d'exploitation au niveau de la vallée. Malheureusement les échantillons de plomb sulfuré que j'ai pu me procurer constituent la galène à larges facettes, ce qui dénote peu de richesse en argent. C'est peut-être là une des causes qui a fait abandonner l'exploitation. On y rencontre aussi du zinc sulfuré.

Cependant il y a là une question très importante à étudier

car il pourrait se faire qu'on rencontrât à de plus grandes profondeurs de la galène plus argentifère.

Après la petite description des terrains ardoisiers du bourg de la Chambre, je vais entreprendre l'étude de la grande coupe géologique en commençant par les rochers de l'Echaillon au nord de St-Jean-de-Maurienne.

Pour cela, je mets sous les yeux de la société la *Pl. 1 Fig. 4.* représentant les terrains du trias, reposant directement sur les schistes cristallins contenant beaucoup de mica et des grains de quartz. Ces roches sont accompagnées à leur partie supérieure de gneiss dans lesquels le mica est remplacé par des aiguilles d'Amphibole d'un vert foncé. Ces gneiss sont traversés par de petites failles qui ont donné lieu à des surfaces d'un poli très remarquable et désignées sous le nom de surfaces de glissement qui, en ce point, présentent tous les caractères en rendant l'étude très facile.

Ces roches primitives sont le prolongement des roches du Rocheray, situées sur l'autre rive de la rivière de l'Arc, et semblent être une continuation de la chaîne des Grandes-Rousses, en Oisans.

A la limite supérieure de ces roches, c'est-à-dire à leur jonction avec les terrains de sédiment, se trouve la source thermale des bains de l'Echaillon. Cette source thermale présente, quant à sa position géologique, une grande similitude avec les autres sources thermales des Alpes et des Pyrénées.

Les eaux thermales de l'Echaillon soumises au thermomètre ont accusé 33° Réaumur ou 40° centigrade. Elles sont légèrement gazeuses et, d'après les analyses répétées auxquelles elles ont été soumises, elles contiennent de la magnésie, de l'iode et du sulfate de fer ; elles sont purgatives, légèrement onctueuses et, d'après des chimistes et médecins qui faisaient partie de la réunion géologique, elles renferment toutes les conditions voulues pour être rangées au nombre des eaux thermales de premier ordre.

Il est donc certain qu'en donnant à cet établissement une plus grande importance, soit par la recherche de sources nouvelles, soit par la publicité, les eaux thermales de l'E-chaillon ne manqueront pas d'acquérir la renommée que bien d'autres sources moins salutaires ont acquise.

En quittant l'Echaillon et en suivant le sentier conduisant de ce point à Mont-André, on traverse les terrains du trias, légèrement modifiés à leur base par le contact des roches métamorphiques. Cette formation géologique contient quatorze subdivisions dont j'ai représenté les huit principales en *S. S. S.* etc. sur la *Fig. 4.*

Il serait trop long de donner ici la description de chaque assise géologique, mais j'attirerai spécialement l'attention de la Société d'Etudes Diverses sur le passage des calcaires dolomitiques ou magnésiens *d* avec les gypses ou chaux sulfatée *G* et sur la séparation des terrains de gypses avec le lias comprenant les schistes argilo-calcaires à bélemnites.

A ces points de jonction, il existe à la surface une grande dislocation du terrain qui, à la partie supérieure de la montagne, présente le gypse associé à des cargneules grises ou jaunâtres et surmonté par des schistes argileux rouges-lie-de-vin, représentée en *r* sur la coupe *Fig. 1* et dans lesquels on rencontre quelques bélemnites.

Plusieurs géologues, qui ont étudié avec soin la localité de Matringue en Faucigny, ont été frappés de l'analogie qui existe entre ce point et celui que nous venons de décrire. Ainsi, à de grandes distances, les mêmes phénomènes se rencontrent. Voilà pourquoi je tenais à attirer l'attention de la Société sur ce passage important du trias au lias, caractérisé aussi en bien des points par *l'infralias à avicula contorta,* comme nous le verrons plus loin.

Nous venons de voir plus haut le *gypse associé aux cargneules*. Comme cette dernière roche, que nous rencontrerons souvent, est une roche pour ainsi dire spéciale aux montagnes des Alpes, il convient d'en faire connaître la nature par une description succincte. La cargneule est un carbonate de chaux et de magnésie ayant l'aspect d'une roche boursoufflée, ressemblant un peu à un tuf volcanique.

Nous avons également parlé plus haut de l'infralias à *avicula contorta*, dont il convient de donner aussi l'explication. Cet horizon géologique jouant un grand rôle dans la géologie générale des Alpes de la Maurienne, comme nous le verrons plus loin. L'infralias à *avicula contorta* présente une bande de calcaire d'un gris passant au noir, très compacte et d'une faible épaisseur, dix mètres au plus, renfermant une infinité de petits fossiles et, entr'autres, un fossile caractéristique et spécial à cet horizon, désigné sous le nom d'*avicula contorta*, genre de mollusque acéphale, ainsi nommé parce qu'il a la forme d'un petit oiseau.

Comme je l'ai déjà dit, nous verrons plus loin le rôle important que joue ce petit fossile dans la classification des terrains si tourmentés de Saint-Martin-de-la-Porte et du Pas-du-Roc, où il a été découvert récemment; il est impossible de détacher ce petit fossile à cause de la dureté de la roche. Ces roches, ainsi analysées, nous reprenons notre étude de la coupe d'ensemble, en descendant par les villages de Mont-Denis et de l'Hermillon; ce retour sur nous-mêmes a constaté en sens inverse les superpositions reconnues sur le flanc des rives de l'Arc, c'est-à-dire la coupe présentant d'après l'aspect géologique du ravin de l'Hermillon (*Pl.* 1, *Fig.* 5), et en sens inverse en descendant, les grès nummulitiques, le lias, les gypses, les dolomies et les schistes triasiques de l'Echaillon des *Fig.* 1 et 4, et qui reposent sur les roches métamorphiques.

En passant à l'Hermillon, la Société géologique a été à même de faire une bonne action en procédant à une quête en faveur de pauvres incendiés qui avaient vu détruire, quelques jours auparavant, une partie de leur village. D'après la description qui m'en a été faite, cet incendie au milieu des montagnes, ayant pour premiers plans les roches accidentées de l'Echaillon et celles du vieux château féodal, le tout éclairé en silhouette par les reflets (rouge-orangé) du foyer d'incendie, produisait l'effet d'un volcan encaissé au milieu de hautes montagnes. Ayant essayé de reproduire cet effet, sur un croquis fait d'après nature, j'ai l'honneur de faire passer ce croquis à MM. les membres de la Société, en y joignant une autre esquisse, prise à l'entrée de la vallée de la rivière de l'Arc. Heureux si ces deux croquis faits à la hâte peuvent donner à la Société l'idée des vallées si accidentées de la Maurienne.

En quittant les calcaires magnésiens, les gypses et les schistes rouges et verts du trias, en remontant la vallée de l'Arc vers Saint-Julien, on rencontre une source connue sous le nom de Fontaine de Touvert, source très abondante coulant le long du flanc de la montagne dans un canal naturel formé par un dépôt provenant de ces eaux elles-mêmes. Ce dépôt présente l'aspect de conglomerats caverneux, contenant une grande quantité de sulfate de magnésie.

Cette source est surnommée la source *des goîtreux et des crétins*, et certainement elle mérite trop bien ce nom, car jamais, en parcourant les montagnes, je n'ai vu de population plus maltraitée sous le rapport de ces deux infirmités que celle des villages qui entourent Saint-Jean-de-Maurienne, tels que ceux de l'Hermillon, Mont-Denis, Saint-Julien, etc., et c'est le cœur navré qu'on traverse ces villages renfermant une population si disgraciée de la nature. .

Ces deux infirmités, le goître et le crétinisme, s'accompagnent assez généralement dans les vallées de la Maurienne; il en est de même aussi dans les Pyrénées. Elles sont attribuées à la crudité des eaux froides provenant de la fonte des neiges et, dans la Maurienne spécialement, aux eaux magnésiennes et calcaires qui, privées d'iode, engendrent les goîtres. Nous avons vu plus haut, en parlant de la source thermale de l'Echaillon, que cette eau contient de l'iode en assez grande proportion ; il semblerait que la nature prévoyante aurait placé le remède à côté du mal, car chacun sait que l'iode est employé avec succès, en médecine, pour combattre les goîtres et que ce corps simple a une action prononcée sur les glandes et sur les engorgements des ganglions lymphatiques. Mais malheureusement la source thermale de l'Echaillon est, jusqu'à présent, peu abondante et abordable seulement aux personnes riches, tandis que les sources magnésiennes et privées d'iode sont très abondantes et contribuent à l'abrutissement de ces malheureuses populations.

Une Société de bienfaisance, ayant plusieurs médecins à sa tête et qui parviendrait, soit à accroître les sources thermales de l'Echaillon et autres localités dans lesquelles la présence de l'iode est constatée, soit à procurer gratuitement des huiles de foie de morue ou de raie à ces malheureuses populations, leur rendrait d'immenses services et accomplirait une véritable mission humanitaire.

Pardon, Messieurs, si j'ai quitté un peu mon sujet géologique pour vous entretenir d'une question d'humanité, mais cette digression m'a été dictée par la pénible impression produite par l'horrible spectacle de ces populations si peu favorisées par la nature.

Reprenant l'étude de la grande coupe générale, depuis la naissance du lias jusqu'au premier pont sur l'Arc, on rencontre des couches généralement schisteuses *l* avec des bélemnites et quelques pentacrinites. Ces schistes finissent aux environs de Villard-Clément et ils sont recouverts par un épais banc *E* de schistes ardoisiers et de grès, s'étendant plus loin que Saint-Julien, sous une inclinaison moyenne de 40°.

Dans les ravins qui avoisinent et se jettent dans la rivière de l'Arc, à Saint-Julien, on constate la présence de ces bancs ardoisiers qui ont donné lieu à environ une vingtaine de carrières d'ardoises plus ou moins productives et pour la plupart souterraines ; l'inclinaison des bancs exploités est de 35 à 40° et la direction de ces bancs est du nord au sud.

En traversant la rivière de l'Arc en face de Saint-Julien, on rencontre au-dessous de Montrichet un banc très important pour la géologie de cette contrée ; c'est le gisement des grès et calcaires à *nummulites*, exploité comme pierre de taille. Cette rencontre des roches *nummulitiques* date de 1859 seulement, et a servi à classer ces roches calcaires dans un horizon supérieur au lias, et tous les géologues des Alpes ont été heureux de constater en ce point ce qu'ils avaient déjà constaté sur d'autres points, à Thônes, près d'Annecy, par exemple. Ce fait est très important, puisque dans ce dédale de montagnes si compliquées, il établit du sud au nord une similitude de terrains à une distance de plus de 70,000 mètres.

Les nummulites rencontrées dans ces grès sont les *nummulites Ramondi* et *nummulites Complanata*, et, dans le calcaire blanc subcristallin, ces nummulites sont accompagnées de nombreuses orbitoïdes, et de grandes huîtres à test très épais. Cette rencontre des nummulites en ce point est un exemple frappant des services rendus par la paléontologie à la classification des couches géologiques, et nous en verrons tout à l'heure un exemple plus frappant encore.

En suivant la coupe *Fig.* 1re de Saint-Julien au torrent de Claret, on rencontre en sens inverse la même série des couches suivies de Villard-Clément à Saint-Julien. Cette disposition des couches en sens inverse s'explique par un renversement indiqué par les lignes ponctuées tracées au-dessous de la vallée et, par suite de ce repli, les calcaires à nummulites de Montrichet et les conglomérats grossiers se trouvent placés à la base de cette formation ; comme cela existe d'ailleurs dans le terrain nummulitique de la Suisse et du nord de la Savoie.

Le village de Claret, situé sur la rive droite du torrent de ce nom, comme le représente la *Fig. 6, Pl. 1*, sur laquelle j'attire l'attention de la Société, est construit sur les bancs schisteux ardoisiers, surmontés par les grès quartzeux, les calcaires magnésiens et les gypses. Cette séparation des bancs ardoisiers ayant lieu dans le ravin même de Claret, il en résulte des brisements de terrain, lesquels isolent des blocs énormes d'ardoises qui, lorsque le torrent est grossi par les pluies d'orage et par la fonte des neiges, se trouvent roulés dans la partie inférieure comme l'ont été autrefois, sur une bien plus grande échelle, les blocs erratiques, comme il en existe dans les Alpes du Dauphiné, sur le versant oriental du Jura et dans le nord de l'Europe aux environs des monts Ourals. Ces cubes de schistes-ardoisiers, dont quelques-uns peuvent bien cuber de 800 à 1,000 mètres cubes, sont débités en ardoises d'une manière très économique par certains ouvriers de la localité, ainsi favorisée par la nature elle-même. Ce genre d'exploitation, dû au hasard, mérite donc d'être mentionné.

En remontant un peu le ravin de Claret, on rencontre sur la rive gauche une exploitation d'ocres de différentes nuances, depuis le jaune clair jusqu'au rouge clair et au rouge plus foncé. Leur gisement se trouve à environ 200 mètres au-dessus de la vallée, dans l'escarpement de la rive gauche du torrent. Ces ocres se trouvent par poches ou nids irréguliers dans des cargneules magnésiennes *d* superposées aux grandes masses de gypse *G*. Ces nids d'oxide de fer, plus ou moins hydraté, ce qui constitue leurs différentes nuances, correspondent aux petits gisements de fer oligiste connus au Mont-Pascal. Le fer oligiste qui constitue le plus riche des minerais de fer, 90 pour cent et plus de fer pur, aura été réduit à l'état d'oxide par suite de certaine décomposition chimique, et aura ainsi formé les ocres naturels et fort peu argileux de ce gisement.

J'ai recueilli quelques échantillons d'ocre jaune, approchant de l'éclat du *jaune de chrome* ou *chromate de plomb*, mais devant présenter pour la peinture à l'huile un grand avantage sur ce produit de laboratoire qui, comme on le sait, noircit par suite des émanations sulfureuses qui se répandent souvent dans l'atmosphère; l'oxide de fer à l'état d'ocre conserve, au contraire, ses teintes nettes, quelle que soit la pureté plus ou moins grande de l'air. Je crois donc cette mine d'*ocre naturel* destinée à un certain avenir; elle est, du reste, dirigée d'une manière fort intelligente par son propriétaire, M. Guillemin.

Voici, en quelques mots, comment se fait l'exploitation. Les poches remplies d'ocre sont extraites par petites galeries, et comme ces galeries *g, g, g* sont situées à environ 200 mètres au-dessus de l'atelier de lavage et de préparation *A,* des cables doubles en fil de fer suspendus en *g a, g a, g a,* servent de chemin de fer à de petites bennes ou banneaux qui, descendant remplis vers l'atelier, font remonter par leur excédant de poids les banneaux vides.

C'est le système en sens inverse de l'exploitation des argiles. extraites, pendant les basses marées, au-dessous des falaises d'Octeville; mais, dans ce dernier cas, comme ce sont les banneaux pleins qui remontent, il faut faire usage de manège à un ou plusieurs chevaux pour cette ascension. Les petits chemins de fer des mines d'ocres, suspendus au milieu des hautes montagnes de Claret et parcourus par des banneaux jaunes et rouges, produisent un très singulier effet au centre de ce paysage d'un aspect sauvage.

Du torrent de Claret à Rieu-Sec on constate un premier repli qui précède le repli principal de la montagne des Encombres, qu'il suffira de décrire pour donner l'idée des grands bouleversements des formations géologiques de cette partie des Alpes de la Maurienne. L'étude de ce repli est surtout utile au point de vue de la position à assigner d'une manière définitive aux grès anthraxifères qui s'étendent de la montagne des Encombres jusqu'aux environs de Modane.

Sur la coupe *Pl. 1, Fig. 7*, j'ai représenté les replis qui se produisent dans les trois assises principales des terrains du lias, au contact des grès anthraxifères et, pour rendre la démonstration plus facile et plus générale, j'ai adopté sur cette figure les mêmes lettres et désignations que celles indiquées au tableau de la *Fig. 1re*.

Je prie la Société de remarquer que sur la *Fig. 7* que j'ai l'honneur de mettre sous ses yeux, j'ai conservé aux grès *H H* le nom de grès anthraxifères, avec l'annotation, entre parenthèses (à classer), jusqu'à ce que leur véritable position stratigraphique leur ait été rigoureusement assignée.

Les terrains charbonneux (abstraction faite des lignites) se divisent généralement en trois classes : 1° les terrains charbonneux *reposant sur le lias*, et qu'on peut désigner sous la dénomination de terrains *anthraxifères supérieurs ;* 2° les terrains charbonneux inférieurs aux bancs infraliasiques et reposant sur les roches dites primitives : c'est le cas des principaux gisements de France et d'Angleterre, désignés sous le nom de terrain houiller proprement dit, c'est, sans contredit, le plus riche des terrains charbonneux ; 3° enfin les terrains charbonneux compris dans les terrains de transition inférieurs, souvent désignés sous le nom de terrains siluriens, sont connus sous le nom de terrains anthraxifères inférieurs. Ce sont ces derniers terrains anthraxifères que j'ai exploités pendant près de vingt années de ma carrière industrielle et, plus tard, je pourrai soumettre à la Société un travail sur cet intéressant gisement de combustible.

Ceci posé, si on étudiait rapidement la coupe *Fig. 7*, suivant une ligne *AB*, par exemple, située à environ moitié de la hauteur moyenne de la montagne, on se dirait naturellement comme on l'avait dit jusqu'alors : De *A* en *C*, les terrains présentant les principaux caractères du lias, il en résulte que les grès compris entre *C* et *B*, et qui reposent sur ce lias, sont évidemment des grès anthraxifères. Mais si, au contraire on étudie minutieusement cette coupe à ses différentes hauteurs, et dans tous ses détails, on reconnaît que les horizons du lias inférieur ou infralias sont à la partie supérieure, que le lias moyen se trouve également au-dessus du lias supérieur, et qu'enfin le lias supérieur se trouverait à la base de tout le système, ce qui n'est pas admissible.

Comment est-on arrivé à cette constatation d'une manière précise au milieu de l'immense bouleversement de terrain qui s'est opéré sur une hauteur de plus de 3,000 mètres et sur une longueur de près de 5,000 mètres ? Cette constatation est due à un géologue aussi habile qu'infatigable, M. l'abbé Vallet, professeur au grand séminaire de Chambéry. M. Vallet s'est dit : Dans cette partie de la Maurienne, le caractère distinctif de l'infralias est l'horizon du banc de calcaire fossilifère renfermant, comme entièrement spécial à cet horizon, le petit fossile dont j'ai déjà parlé plus haut, l'*avicula contorta*.

Ayant trouvé l'*avicula contorta* en k, il l'a retrouvée en k', ce qui indique que de k en k' le terrain est bien à sa place ; puis, il l'a retrouvée en k'', d'où il a conclu à un premier repli de la zône fossilifère ; il l'a retrouvée ensuite à Saint-Martin-de-la-Porte, en k''', ce qui lui a indiqué un deuxième pli de ce calcaire à *avicula contorta* ; puis enfin, il a retrouvé ce petit fossile au point dit, sur la coupe le *Pas-du-Roc*, point d'où l'on voit nettement le même calcaire compact se prolonger jusqu'au sommet du Grand-Perron des Encombres : d'où il est facile de conclure que tout le terrain du lias a affecté la grande et remarquable ligne à triple courbure, comme l'indique la ligne $k\,k'\,k''\,k'''$, tandis que, si les couches du lias, au lieu de se contourner ainsi, eussent suivi leur véritable inclinaison première, en $k\,k'\,o$, comme l'indique la ligne pointillée prolongée au-dessous du niveau de la route, tous les terrains, qui semblent supérieurs à cette zône, lui seraient au contraire inférieurs et dans leur véritable position. Ce qui indique en résumé, que les grès *H. H.* considérés d'abord comme appartenant au terrain anthraxifère, et cela par les plus habiles géologues qui n'ont pas eu le temps de se livrer à une étude aussi minutieuse que celle faite par M. l'abbé Vallet, se trouvent réellement placés en H' H'' au-dessous de l'infralias ; d'où enfin, cette conclusion définitive que le terrain $H.$ $H.$ n'est pas anthraxifère, mais bien du véritable terrain houiller, dont il a du reste tous les caractères pétrographiques, et dont il renferme la flore fossile caractéristique, comme cela peut être constaté dans les exploitations de St-Michel.

Ainsi, voilà une masse énorme de terrain houiller s'étendant vers le Sud jusqu'au-delà du Monestier de Briançon, et vers le Nord jusqu'au petit St-Bernard, c'est-à-dire sur une longueur de plus de 130 kilomètres, qui doit son classement stratigraphique définitif à l'*avicula contorta*, c'est-à-dire à un fossile de très petite dimension.

C'est ici qu'il convient plus que jamais de faire ressortir l'importance de la paléontologie. Le géologue, à l'aide d'un fossile qu'on peut dire atomique, par rapport à l'immensité des montagnes des Alpes, parvient au milieu de ce chaos à assigner à chaque roche sa véritable position ; c'est alors qu'on peut dire avec La Fontaine :

On a souvent besoin d'un plus petit que soi.

Le classement définitif de ces grès en H' H'' n'augmente pas, il est vrai, la quantité de combustible contenue dans cette énorme masse de terrain houiller, mais au moins il peut encourager à entreprendre, avec plus de chances de succès que par le passé, certains travaux plus importants ; le terrain houiller proprement dit étant généralement plus riche que les terrains anthraxifères. L'avenir seul pourra démontrer ce point important de la constatation du terrain houiller.

Avant de quitter les environs du village de St-Martin-de-la-Porte, je dois mettre sous les yeux de la Société un second exemple très remarquable occasionné par une faille perpendiculaire à l'inclinaison des couches. Cet exemple a été recueilli derrière le village de St-Martin et c'est encore le banc de calcaires à *avicula contorta* qui a servi à débrouiller ce chaos. *(Pl. 1 Fig. 8.)*

De St-Martin à St-Michel, on rencontre surtout le terrain houiller (car nous adoptons désormais ce nom), présentant encore avec les autres roches les mêmes anomalies que celles que je viens de citer.

A St-Michel, le grès houiller se présente avec une inclinaison de 40 à 45° vers l'Est.

A la sortie de St-Michel, en remontant la rivière de l'Arc, on se trouve en présence d'une exploitation de combustible aux environs de laquelle on constate des empreintes de végétaux, appartenant bien à la flore fossile du terrain houiller. On peut en outre constater de nombreux affleurements de combustible sur tout le côteau de St-Michel et en face de ce bourg, à St-Martin-outre-Arc.

En continuant la grande route on rencontre plusieurs galeries d'exploitation. Au-delà du pont de la Sausse les exploitations de combustible cessent.

Avant de quitter les environs de St-Michel, disons quelques mots sur le gisement du combustible et sur sa qualité.

A St-Michel, la couche est épaisse et peu étendue, elle incline du Sud au Nord en plongeant sous la montagne. Le combustible est généralement granulaire, compact et dur, quelquefois cependant écailleux et tendre, son exploitation ne remonte qu'à 1852. La combustion des charbons de la Maurienne est généralement difficile et a besoin d'un fort tirage.

On compte aux environs de St-Michel cinq exploitations principales encore peu développées. Les mêmes observations, quant à l'aspect du combustible, s'appliquent aux différentes couches.

La composition des combustibles de la Maurienne est en moyenne :

Carbone.............. 73
Oxigène.............. 3
Hydrogène 2
Eau 4
Cendres............. 18
                    ————
Total....... 100 parties.

Comme on le voit, ce genre de combustible est généralement sec et produisant peu de flamme, par suite de son peu de richesse en hydrogène.

De St-Michel à St-André, et au pont du Fresnay, en passant par le pont de la Sausse, le pont de la Denise, Orelle et le pont des Chèvres, on suit le terrain houiller présentant des variations dans ses inclinaisons et cessant depuis le pont de la Sausse de présenter des affleurements de combustible. En arrivant au pont du Fresnay, on rencontre la naissance d'un mamelon isolé, qui appartient aux terrains cristallins *(Y Fig. 1)* et sur lesquels reposerait le terrain houiller.

En traversant la rivière du pont du Fresnay on rencontre, peu loin de l'entrée du tunnel des Alpes, des gneiss feldspathiques contenant beaucoup de chlorite et de grands cristaux de feldspath orthose.

Les géologues de la Suisse, MM. Studer et Favre, ont fait remarquer la parfaite analogie de ces gneiss chloriteux, avec ceux qu'on rencontre en maints endroits des massifs du Mont Rose, du Mont Blanc, de l'Oberland.

Avant d'arriver à Modane, on aperçoit l'entrée du tunnel des Alpes situé sur la rive gauche de la rivière de l'Arc, le signal d'alignement étant situé sur la rive opposée.

En regardant l'entrée du tunnel, on est frappé par l'aspect géologique que présente le flanc Sud de la Maurienne en face de Modane. *(Pl. II, Fig. 9.)*

Ce sont ces montagnes dont l'aspect semble si tourmenté, qui feront l'objet de la deuxième partie de cette notice, avec la description du tunnel ou percement des Alpes.

Je vais terminer la première partie de cette notice en mettant sous les yeux de la société la *Pl. II* contenant les deux *Fig 10* et *11*, représentant la disposition des terrains de la rive droite de l'Arc entre Modane et Bramans, en passant par les forts de l'Esseillon.

La coupe *Fig. 10*, commence à la belle cascade à deux étages, de St-Benoît qui tombe dans l'Arc au village d'Avrieux. Les deux bassins escarpés, desquels cette cascade se précipite successivement, sont formés de grès blanc quartzeux recouverts d'une fraîche végétation.

Ayant essayé de reproduire à la hâte l'effet produit par cette cascade, j'ai l'honneur de faire passer ce croquis sous les yeux de la société.

Les grès blancs quartzeux plongent régulièrement sous la puissante masse des calcaires compactes D supportant les *forts de l'Esseillon* qui, peu de temps avant la visite de la société géologique, étaient destinés à protéger l'Italie contre la France, et qui, lors de sa visite, étaient habités par des soldats français.

Plus loin, on voit ces calcaires compactes plonger sous la grande masse des gypses G dans lesquels coule le torrent d'Aussois traversé par un élégant pont suspendu qui, depuis l'annexion de la Savoie à la France, a remplacé l'ancien pont de bois dit pont du *Diable*.

Le banc de gypse est surmonté par un mamelon lenticulaire des schistes calcareo-talqueux, que nous avons vus à l'Echaillon en commençant l'étude de la grande coupe générale *Fig. 1.*

Je dois signaler ici en terminant quatre faits remarquables, observés dans cette visite aux forts de l'Esseillon, à savoir :

1° A partir du torrent d'Aussois, en se dirigeant jusqu'au fort sur les assises supérieures des calcaires magnésiens de l'Esseillon, un peu à l'Ouest du pavillon du génie on peut examiner avec le plus grand intérêt, une magnifique surface polie, en partie recouverte encore de gravier erratique, et offrant tous les caractères ordinaires du poli stié occasionné par les anciennes glaces transportées par les eaux.

2° Aux environs des gypses représentés *Fig. 11*, sous la route des forts de l'Esseillon en un point désigné sous le nom du Pont-de-la-Scie, entre l'Esseillon et Bramans, on trouve de nombreux cristaux de souffre parfaitement conservés et disséminés au milieu du sulfate de chaux. Ce sont de fort jolis échantillons de minéralogie pouvant dignement figurer dans les collections ; malheureusement mes échantillons très-fragiles ont été brisés dans le transport.

3° Aux environs de l'Esseillon, on rencontre aussi une roche d'euphotide avec diallage qui semble avoir pénétré les terrains calcaires.

4° Enfin, en rentrant à Modane par le chemin du village du Bourget, on passe à côté d'un énorme rocher calcaire isolé qu'on appelle dans le pays *le Roc tourné*. Ce roc isolé au milieu d'une montagne composée en majeure partie de quartzites ne provient donc pas d'un éboulement de la montagne, mais il fait partie d'une roche sur place appartenant au prolongement des calcaires de l'Esseillon. Cette roche est non-seulement remarquable par sa disposition pittoresque, mais minéralogiquement aussi par la présence de fort jolis *cristaux d'albite* disséminés au milieu du calcaire magnésien. Ces cristaux sont d'une très grande limpidité et atteignent parfois un centimètre de longueur.

L'abondance avec laquelle ces cristaux sont disséminés dans la roche, donne à celle-ci une structure pour ainsi dire porphiroïde très remarquable et en fait en réalité un véritable calciphyre.

Comme on le voit, l'étude géologique de la rive droite de la *rivière de l'Arc* ou flanc nord de la *Maurienne*, a été dignement terminée par la rencontre du soufre natif cristallisé en aiguilles et en octaëdres au milieu du gypse et des dolomies ; par l'étude du passage des glaces sur les roches compactes de l'Esseillon ; par la rencontre de la roche d'euphotide avec diallages ; et enfin, par ces cristaux d'albite du *Roc tourné* près le village du Bourget.

Ainsi se termine la première partie de cette notice, dont la suite comprendra les travaux du tunnel international de France et d'Italie, et le retour en France par le Mont Genèvre, où nous trouverons des blocs erratiques d'euphotides, ainsi que des masses de variolites, de diallages et d'euphotides, qui se sont fait jour à travers les schistes calcaréo-talqueux, phénomène géologique et minéralogique du plus grand intérêt.

DEUXIÈME PARTIE.

Etude de la montagne traversée par le Tunnel, entre Modane en France et Bardonnèche en Italie. — Notes sur ce Tunnel et sur les moyens employés pour en activer le percement.

Avant de donner la description du tunnel, il est naturel de faire l'étude géologique de la montagne qu'il doit traverser.

La bienveillance avec laquelle la Société d'études diverses a bien voulu examiner les coupes géologiques et les échan-. tillons des montagnes de la Maurienne, que j'ai eu l'honneur de lui soumettre à la dernière séance, m'encourage à continuer ce même système de démonstration pour la deuxième et la troisième partie de cè travail.

Je commencerai donc par remettre sous les yeux de la Société la *Pl. II Fig. 9* représentant l'aspect de la montagne pris en face de l'ouverture du tunnel *A*. Cette coupe indique le chemin du Charmet, conduisant au Col de la Roue, par la chapelle du Charmet.

Avant d'entrer dans ce chemin on trouve au-dessous de l'ouverture même du tunnel : le grès à pierre de taille de Modane et le grès schisteux formant la base du terrain houiller.

Si en arrivant au point *B* du chemin du Charmet au-dessus de l'entrée du tunnel on jette un dernier regard sur les montagnes situées au Nord de Modane, on est frappé de l'aspect géologique contourné des terrains, mais cependant dans lesquels on suit bien, *Pl. II Fig. 12* : les schistes micacés douteux accompagnant les terrains dits primitifs ; les quartzites accompagnant le terrain houiller qui se prolonge jusqu'aux glaciers ; et enfin les quartzites supérieurs recouvrant également le terrain houiller. C'est par cette coupe que se termine l'étude du flanc Nord de la Maurienne.

Avant d'aller plus loin, je dois dire que la course entre Modane et Bardonnèche étant longue et pénible, la Société a dû avoir recours au dos des mulets pour opérer la moitié de son voyage entre Modane et la Fontaine-Froide, située au Col de la Roue. C'est ainsi qu'on est arrivé à une première étape : la chapelle de *Notre-Dame-du-Charmet*.

De l'entrée du tunnel à la chapelle du Charmet, on suit les grès houillers dirigés à l'Est 35° Nord et inclinés de 25° vers le Sud-Est.

Il est impossible de passer auprès de la chapelle sans être saisi d'admiration à la vue de ce site pittoresque, l'un des plus charmants que l'on puisse rencontrer dans les forêts des Alpes : De grands sapins dominent tout le paysage, et le sanctuaire de *Notre-Dame-du-Charmet* est en quelque sorte suspendu sur une profonde crevasse par où débouche un torrent dont les nombreuses cascades se font entendre au loin. C'était jour de pélérinage et la chapelle était étincelante de lumières, ce qui produisait le plus admirable effet au milieu de cet imposant tableau. Malheureusement, comme je l'ai dit plus haut, la journée devait à peine suffire pour franchir l'espace compris entre Modane et Bardonnèche, et il n'y avait pas à songer à faire seulement un croquis.

Aux environs de la chapelle, on trouve le terrain houiller, avec une petite mine de charbon d'un mètre de puissance, et une inclinaison d'environ 80°. Cette couche de charbon devra être traversée par le tunnel, (et en effet elle a été rencontrée quelques mois plus tard) ; on continue ensuite à monter sur le grès houiller, et l'on rencontre dans les prairies de l'Ariondas une véritable faille qui a produit un bouleversement des roches ; puis on arrive aux granges de la Loza, où sont établis les bocards pour la préparation mécanique du minerai de plomb argentifère, provenant de la mine des *sarrasins* qui, exploitée dans la hauteur des montagnes, fait parvenir son minerai aux bocards, au moyen de cables en fil de fer suspendus, dans le genre de ceux vus aux mines d'ocre, mais sur une plus grande échelle. Le temps a manqué pour visiter ces mines.

Du bâtiment des bocards à la Fontaine-Froide, on suit encore des grès houillers accompagnés de quartzites plus friables que ceux vus dans les parties inférieures. Ces quartzites alternent avec des schistes argileux, comparables aux grès quartzeux, blancs et bigarrés, des environs *d'Allevard* (Isère). C'est à la Fontaine-Froide, que la Société a déjeûné après avoir renvoyé les mulets à Modane.

La Fontaine-Froide est une source au milieu des quartzites, elle contient fort peu de parties calcaires. C'est en ce point qu'on rencontre l'avant-dernière végétation de ces hautes régions.

En quittant les quartzites de Fontaine-Froide, on arrive en une heure au sommet du Col de la Roue, en rencontrant à droite et à gauche des cargneules éboulées et occupant la même place qu'au Col des Encombres. Au sommet du Col de la Roue, on est sur les cargneules ou calcaires magnésiens dont j'ai récolté un échantilion sur le Col même, à la ligne séparative de la France et de l'Italie ; ces cargneules sont à la base d'un grand escarpement de calcaires compactes.

J'attirerai l'attention de la Société, moins sur la nature de ce calcaire compacte que sur la végétation couleur jaune orangé du petit *cryptogame* ou lichen qui le recouvre. Ce lichen est la dernière végétation de ces régions et le signe caractéristique des hautes montagnes.

Au Col de la Roue, à 2500 mètres de hauteur, on observe deux coupes géologiques fort intéressantes : 1° *(Pl. II Fig. 13)*, la coupe du Col présentant à droite et à gauche les

calcaires du briançonnais ou calcaires des terrains juras-
siques, diversement inclinés et superposés aux schistes calcaréo-talqueux avec cargneules. Ce fait de superposition se
rencontre partout dans les Hautes-Alpes; 2° *(Pl. II Fig. 14)*;
la coupe géologique du vallon de la Roue présente d'une
manière plus régulière cette même superposition sur les
schistes calcaréo-talqueux. Un échantillon de ce schiste que
j'ai recueilli et auquel adhère une légère couche de cargneule
indique parfaitement le passage d'une roche à une autre.

Nous ne quitterons pas le Col de la Roue, l'un des passages le plus important de cette partie des Alpes, puisqu'il
établit la communication entre la vallée italienne de la Dora
et la vallée de la Maurienne, sans faire remarquer la netteté
avec laquelle on voit la chaîne des montagnes d'Italie com-
prises entre ce point et le *Mont-Viso*. Ainsi, du Col de la
Roue situé à 2500 mètres au-dessus du niveau de la mer,
on voit le Mont-Viso dont l'altitude est de 3832 mètres,
comme s'il faisait partie des montagnes voisines, et cependant
la distance horizontale qui sépare les deux points est de 45
kilomètres. Cela est évidemment dû à la grande pureté du
ciel dans ces hautes régions et sans doute aussi à la transpa-
rence si remarquable du ciel d'Italie.

En descendant du Col de la Roue, on marche pendant
un certain temps sur les cargneules, sur cette roche qui
présente si bien l'apparence d'un tuf volcanique. Cette
roche, éboulée en partie, présente un sol incliné très difficile à parcourir ; et cependant, nous avons vu gravir ces
pentes rapides et abruptes par des italiens se rendant pieds
nus en pélerinage à *Notre-Dame-du-Charmet*.

En descendant encore, on arrive enfin en dehors des cargneules sur les schistes lustrés *calcaréo-talqueux* qui, à partir de ce point, forment cette masse énorme du même terrain
composant la majeure partie de la montagne de Fréjus, sur
laquelle nous sommes, les montagnes du Mont-Cenis, et s'é-
tendant par le Petit-St-Bernard et le Vallais jusque dans

les montagnes du Tyrol. Cette roche est parfaitement caractérisée par l'échantillon qui, doux au toucher, présente toutes les qualités d'une roche *talqueuse.*

C'est dans cette roche qu'a été commencé le tunnel du côté de Bardonnèche, et dans laquelle il doit se poursuivre sur près des deux tiers de sa longueur.

Arrivant enfin, en suivant ces mêmes roches, jusqu'à l'entrée du tunnel, c'est ici qu'il convient de faire une analyse succincte de ce travail si important et si grandiose.

NOTES sur le *Tunnel des Alpes et sur les moyens employés pour en activer le percement.*

Afin de mettre la Société d'études diverses à même de se rendre compte de ce grand travail, j'ai l'honneur de faire passer sous ses yeux la *Pl. II Fig. 15 et 16,* sur laquelle le tunnel est représenté : 1° En plan horizontal, (*Fig. 15*) au moyen d'une galerie *A B* avec indication par des flèches, de la direction et de l'inclinaison des roches à traverser; 2° en projection verticale au moyen d'une galerie *A' B'* d'une longueur de 12,220 mètres, ayant son entrée du côté de la France à 1202 mètres au-dessus de la mer, son point de centre à 1338 mètres au-dessus de la mer, et son entrée côté d'Italie à 1335 mètres, au-dessus de la mer. C'est donc une galerie à double pente. De plus, cette galerie, comme le démontre le profil de la crête des montagnes de Frejus, passe à une profondeur moyenne d'environ 1500 mètres au-dessous de cette crête. Comme on le voit, d'après cette coupe, le tunnel international des Alpes est improprement appelé le tunnel du *Mont-Cenis,* car il est éloigné de cette montagne d'environ *25,000 mètres.*

Après de nombreuses études topographiques, on a trouvé deux points éloignés de 12,220 mètres, le village du Fourneau près Modane, et celui de Bardonnèche en Italie, points situés à des niveaux convenables pour se relier facilement, d'une part au chemin de fer de St-Jean-de-Maurienne à Modane, et d'autre part au chemin de fer de Suze à Turin.

Ces deux points ainsi déterminés, des signaux d'alignement furent placés en France à 700 mètres environ de l'entrée du tunnel, sur la rive droite de la rivière de l'Arc, et en Italie sur un petit tertre à quelques centaines de mètres de l'entrée de ce tunnel. Ces signaux consistent en lunettes ou alidades de direction et de pente, braquées l'une sur l'autre, suivant la direction et l'inclinaison calculées du tunnel.

On doit comprendre tout le soin qui a dû être apporté à l'installation de ces lunettes, puisque c'est d'elles que dépend la rencontre exacte des deux galeries. On comprend aussi avec quel soin doit être faite très souvent la vérification de la direction et de l'inclinaison des deux galeries, allant à la rencontre l'une de l'autre et dans lesquelles la moindre déviation sur une aussi grande longueur, produirait une erreur considérable.

Par l'inspection de la coupe de la montagne, représentée sur la projection verticale, on voit qu'il eût été impossible de commencer ce travail sur plus de deux points à la fois, puisque pour y arriver, il eût fallu creuser sur la montagne des puits de secours de plus de 1000 mètres de profondeur, ce qui n'était pas admissible.

Il a donc fallu avoir recours, comme nous le verrons tout-à-l'heure, à des moyens mécaniques pour suppléer à l'impossibilité que je viens de signaler, d'entreprendre le travail sur 10 ou 12 points à la fois, comme cela se pratique dans les tunnels passant à de faibles profondeurs au-dessous des collines.

Une fois les signaux d'alignement bien placés et vérifiés, le travail de percement fut commencé simultanément en

France et en Italie en décembre 1857, sous l'habile direction de M. Sommelier, ingénieur en chef, et cela d'abord à l'aide des moyens ordinaires.

Au 6 septembre 1861, lors de notre visite au tunnel, le travail était donc commencé depuis 44 mois, soit environ 1320 jours, le travail ayant lieu le jour, la nuit, dimanches et fêtes compris. Or, comme cela figure sur la coupe, l'avancement au 1er septembre 1861, était :

Du côté de Modane................ 640 mètres.
Du côté de Bardonnèche....... 800   »

Ensemble....... 1440 mètres.

soit 1 mètre 09, d'avancement moyen par 24 heures.

Je ferai remarquer ici que depuis près de 6 mois des appareils mécaniques fonctionnaient du côté de Bardonnèche, et que c'est à cela qu'était dû un supplément d'avancement de ce côté, car avant la mise en marche des appareils, l'avancement moyen de chaque côté ne dépassait pas 0,40 centim. soit 0,80 centim. d'avancement total par 24 heures.

On espérait alors, quand les appareils mécaniques fonctionneraient des deux côtés, obtenir un avancement moyen d'un mètre de chaque côté, soit un avancement total de 2 mètres par 24 heures, ou 720 mètres en moyenne par an, et comme la distance à parcourir était encore de 10,780 mètres au 1er septembre 1861, il en résultait que le temps nécessaire pour l'achèvement du travail était évalué à 14 ou 15 ans, ce qui portait alors cet achèvement à 1875 ou 1876, en calculant, comme je viens de le dire, sur un avancement moyen de 2 mètres par jour ; mais il faut ajouter aussi qu'on espérait obtenir mieux par suite du perfectionnement des appareils. Et c'est en effet ce qui arriva, car les dernières relations des journaux disaient qu'on espérait terminer le percement en 1871, ce qui produirait une avance de

4 à 5 années, ce qui est énorme. Telles étaient les prévisions des géologues en septembre 1861.

Mais comme je désirais présenter quelque chose de tout-à-fait nouveau à la Société d'études diverses, j'écrivais le 2 Mai à un de mes collègues de Chambéry, M. Pillet, géologue distingué, pour savoir ce qui s'était passé dans ce grand travail depuis 9 ans, sous le rapport géologique et sous le rapport de l'avancement des travaux.

Ne recevant pas de réponse, j'avais pris le parti de terminer cette portion de mon travail comme je l'ai fait le 15 courant avec la pensée de communiquer plus tard un supplément à la Société. Mais j'ai la satisfaction de lui annoncer aujourd'hui, que le 21 courant je recevais la réponse à ma lettre dont voici les passages concernant ce grand travail.

« 20 Mai 1870.

« Cher Confrère,

» Un deuil récent et quelques affaires de famille m'ont
» empêché de répondre plus tôt à votre aimable lettre du 2
» courant.

» Un de mes amis se propose de publier une coupe du
» tunnel avec des indications géologiques, il a bien voulu
» me remettre une de ses épreuves pour vous l'adresser.
» J'y ai marqué les couleurs telles qu'il les a tracées, et qui
» vous montrent que les prévisions des géologues, en 1861,
» n'ont pas été déçues.

» Vous y verrez quelques minces couches houillières ren-
» contrées au-dessus de Modane, mais dont aucune ne peut
» être exploitée.

» Ce n'est toujours qu'aux environs de St-Michel que les
» gîtes s'offrent dans des conditions avantageuses, mais il

» n'y a que des charbons dépouillés de leur bitume et mêlés
» de substances terreuses. Ce n'est que pour les fours à
» chaux, et pour le chauffage des campagnes environnantes
» que ces produits ont été utilisés.

» Quant à l'avancement des travaux du tunnel, voici
» l'état au 1er mai.

» Galerie de Bardonnèche......... 6459m,10
» Dito de Modane............ 4577m,70
» Total............. 11,036m,80
» La longueur totale étant de. 12,220m,—
» Il ne resterait à percer que. 1,183m,20

» Le travail pendant le mois d'Avril a été de 122 mètres
» 75 ; en supposant la même activité le tout serait percé
» avant 10 mois. »

Je suis heureux de pouvoir donner à la Société d'études
diverses, un renseignement aussi *précis et aussi nouveau*
en faisant passer sous ses yeux la coupe géologique
Pl. II Fig. 16 bis qui m'a été adressée de *Chambéry*, et qui
vient corroborer mon travail.

Comme vous le voyez, Messieurs, voici une bien belle application de la géologie à l'art des mines, puisque en 1861, la
société géologique de France avait prédit la nature et l'épaisseur des roches que devait traverser cette immense galerie de
12,220 mètres de longueur, et qu'en 1870, les faits accomplis viennent confirmer les prévisions des géologues.

Ce travail étant l'un des plus importants de notre siècle,
j'ai pensé que la Société d'études diverses accueillerait ces
renseignements avec plaisir.

C'est naturellement en ce point de ma note que vient se
placer la description succincte des appareils à l'aide desquels
on voit se réaliser les espérances de 1861.

Pour mettre la Société d'études diverses à même d'apprécier ces appareils, je crois ne pouvoir mieux faire que de mettre sous ses yeux une *planche* de dessins gravés contenant environ 15 figures donnant l'ensemble et les dé-. tails de ces appareils, et dont je vais donner une explication sommaire. (Voir *Pl. II Fig. A, B, C, D, E, F.*)

Il s'agissait d'abord de créer de la force sans faire de fumée nuisible à la santé des ouvriers, il ne fallait donc pas songer à l'introduction de machines à vapeur dans le tunnel.

Or, M. Sommelier, l'ingénieur en chef des travaux ayant à sa disposition, tant en France qu'en Italie, des chûtes d'eau très puissantes, les utilise à comprimer de l'air dans de grands réservoirs en tôle, et il lance cet air comprimé à l'extrémité des galeries pour y faire manœuvrer les outils et y entretenir la respiration des ouvriers. A Bardonnèche, la force motrice est puisée dans le torrent de Melzet qui ne gèle pas l'hiver et qui a pu permettre d'établir des réservoirs ou bassins à 26 mètres au-dessus des réservoirs à air comprimé.

Le travail mécanique s'opère donc au moyen de deux appareils principaux, savoir : 1° *L'appareil compresseur,* qu'on peut désigner aussi sous le nom d'appareil moteur à l'aide de l'air qu'il a comprimé ; 2° *L'appareil percusseur* mu par l'air comprimé et servant à activer le travail des ouvriers.

Quelques mots sur ces deux appareils en feront comprendre le fonctionnement.

Comme on peut le voir *Pl. II Fig. A*, le compresseur est une combinaison de la machine à *colonne d'eau* des mines de plomb argentifère du *Huelgoat*, Finistère, et du *belier hydraulique,* dont je fais passer deux dessins (*Pl. II Fig. B et C.*)

De même que dans ces appareils, le compresseur de Bardonnèche se compose d'une colonne d'eau dont la hauteur est de 26 mètres. Cette colonne d'eau, en raison de la force vive acquise par l'écoulement, fait *bélier* dans un tuyau qui contient environ 2 mètres cubes d'air et le refoule dans d'immenses réservoirs en tôle sous une pression de 5 atmosphères, ce qui se répète à chaque coup de bélier et concentre dans les réservoirs une force disponible de 200 à 210 chevaux.

L'appareil compresseur de Modane ne diffère de celui de Bardonnèche que par les réservoirs d'eau qui, ne pouvant être emplis par un torrent élevé dans la montagne comme à Bardonnèche, sont remplis, à la hauteur également de 26 mètres, par 6 roues hydrauliques de la force de 30 chevaux chacune, soit 180 chevaux de force agissant sur des pompes puissantes. Une fois l'eau ainsi élevée elle agit de même qu'à Bardonnèche en comprimant l'air à 5 atmosphères dans 6 grands réservoirs, représentant également une force disponible de 200 à 210 chevaux.

Modane et Bardonnèche se trouvant ainsi approvisionnés d'une énorme force disponible en air comprimé, nous passons aux appareils *percusseur* ou *perforateur*.

Ces appareils sont compliqués, et il serait beaucoup trop long d'en donner tous les détails, (voir sur la *Pl. II* les *Fig. D, E, F*, il suffira donc de dire que leur jeu consiste à donner à un *fleuret* ou outil *perforateur* un mouvement de va-et-vient ou de percussion au nombre de 200 coups par minute pendant que ce même outil fait 12 tours complets sur lui-même.

Au moyen de cette double combinaison de mouvement, j'ai vu percer dans une roche de serpentine très dure un trou de 0ᵐ35 de profondeur en dix minutes avec le même fleuret à l'extrémité duquel arrive constamment un jet d'eau lancé par l'air comprimé ; et dans un même bloc de pierre, deux ouvriers mineurs travaillant 3 heures 1/4 ont fait un trou de mine de 0 mètre 37, et ont usé 65 fleurets quand le perforateur, avec un seul fleuret, a fait 0ᵐ45 de trou de mine en une demi-heure, c'est-à-dire 8 fois plus de travail et 64 fois moins d'usure d'outils.

Cette conservation des outils est évidemment due au jet d'eau froide très abondant lancé au fond du trou de mine avec une force de 3 atmosphères environ. Ce jet d'eau ayant pour but non-seulement de refroidir constamment l'outil perforateur, mais encore de purger le trou des débris de roche et poussières résultant de la perforation et que l'ouvrier mineur est obligé de retirer lui-même avec l'outil nommé *curette*.

La description des appareils compresseur et perforateur ainsi donnée, il ne reste plus qu'à expliquer leur fonctionnement dans la galerie représentée *Pl. III Fig. 17 et 18*.

Les dimensions du tunnel étant dans sa plus grande hauteur, 6 mètres, et sa plus grande largeur, 8 mètres, (*Fig. 18*) le travail de percement est divisé en trois parties, savoir :

1° La galerie préparatoire représentée en *D Fig. 17* et en *C Fig. 18* ; 2° la galerie en état d'élargissement en *E Fig. 17* ; 3° la galerie à l'état d'achèvement en *F Fig. 17*.

Cela posé, les appareils perforateurs montés sur des roues, sont conduits par chemin de fer à l'extrémité de la galerie préparatoire en *G Fig 17*, et l'air comprimé destiné à les mettre en mouvement leur est conduit par des tuyaux en fonte de 0ᵐ20 de diamètre *H I* sur lesquels s'embranchent des tuyaux en caoutchouc, se dirigeant à volonté vers chaque appareil. Les fleurets sont alors mis en jeu et perforent la roche en *R* au point de lui donner l'aspect représenté en *C Fig. 18*, le nombre des trous allant parfois jusqu'à 65 et 70, suivant la dureté plus ou moins grande de la roche. Dans certains cas on fait de gros et petits trous mais dont la profondeur est toujours la même 0ᵐ90.

La roche peut être ainsi criblée de trous *en 6 heures.*
Voyons maintenant comment on opère le tirage des mines.

Le chariot portant les perforateurs est alors retiré en arrière en *D'* pour être à l'abri des projections de la poudre, et la petite galerie préparatoire est séparée de la grande par des fascines et fagots de bois destinés à empêcher quelques projections de pierres de pénétrer jusque dans la grande galerie. Les trous de mine sont nettoyés et séchés à l'aide d'un courant d'air comprimé.

La rangée de trous *J K Fig. 18* est tirée la première en chargeant seulement les petits trous et après le déblai du vide produit par l'explosion, les mines des rangées *L M N O* sont chargées avec des mèches d'autant plus longues, qu'elles sont plus éloignées du vide central ; enfin les groupes supérieurs et inférieurs de mines sont tirés dans les mêmes conditions et après l'enlèvement des déblais.

Le succès de cette méthode est complet. La roche est disloquée et broyée sur 0^m90 de profondeur en morceaux dont les plus gros n'atteignent pas 5 décimètres cubes, très faciles pour le chargement dans les wagons.

Après le tirage à la poudre, un courant rapide d'air comprimé opère dans la petite et la grande galerie un aérage complet destiné à chasser la fumée de la poudre, ce qui permet aux ouvriers manœuvres, dits rouleurs, de déblayer le plus activement possible la petite galerie ; pendant ce temps, des ouvriers mineurs équarissent le mieux possible le front de la galerie préparatoire que d'autres ouvriers consolident par derrière, en cas de besoin, et le tout se trouve préparé en même temps, de manière à recevoir de nouveau le chariot porteur des appareils perforateurs qu'on met en mouvement comme il a été dit plus haut. Lors de la visite au tunnel côté de France, les perforateurs fonctionnaient dans le grès houiller, roche d'une grande dureté, et du côté de l'Italie les perforateurs fonctionnaient dans des schistes calcaréo-talqueux moins durs que le grès houiller.

Je dois ajouter ici que pendant que les perforateurs préparent la galerie dite préparatoire, des ouvriers boiseurs, mineurs et maçons travaillent simultanément par derrière à l'exhaussement et à l'élargissement du tunnel dont la galerie préparatoire n'est que l'amorce ; d'autres ouvriers travaillent en même temps à la confection du caniveau central destiné à l'écoulement des eaux, lequel écoulement favorise aussi l'aérage des travaux.

Ainsi, dans cet important travail, l'air comprimé joue le principal rôle : d'abord, il entretient la vie des ouvriers, ensuite il communique le mouvement à tous les appareils; puis il lance l'eau pour nettoyer les trous de mine, et enfin il purge tout le travail de la fumée de poudre si nuisible à la santé des ouvriers ; en un mot, il est l'âme de ce travail en y vivifiant et les hommes et les appareils.

Il serait trop long d'entrer ici, dans un aperçu, même très succinct, des dépenses occasionnées par un semblable travail. Il suffit de dire que les dépenses comparées entre le travail ordinaire par les hommes, et le travail par les perforateurs, en tenant compte bien entendu de la différence de temps, donne un grand avantage aux perforateurs.

Ainsi, cette laborieuse et grandiose entreprise aura pu être achevée dans l'espace de 15 ans, quand par les moyens ordinaires elle eût exigé plus de 30 années, et dans un semblable travail surtout on peut dire *le temps c'est de l'argent*. Le temps gagné c'est la communication plus rapide et plus sûre entre la France et l'Italie.

Honneur soit donc rendu à l'ingénieur en chef, directeur de cette gigantesque entreprise.

———————

TROISIÈME PARTIE

Etude des terrains entre Bardonnèche et Briançon, par le mont Genèvre. — Mine de Plomb argentifère de l'argentière. — Quelques mots sur les mines de combustible du Briançonnais.

Cette troisième partie ne sera pas très longue, la course entre Bardonnèche et le mont Genèvre ayant simplement pour but de constater, en certains points seulement, la contre-partie des terrains déjà étudiés sur le front nord de la Mauriennne.

En quittant Bardonnèche et en se dirigeant vers *Savoulx*, premier village Piémontais, on marche constamment sur les mêmes schistes calcaréo-talqueux qui, depuis le sommet du col de la Roue jnsqu'à Savoulx, sur une étendue en projection de plus de 14 kilomètres, forment un massif de 1,300 mètres de hauteur.

Derrière le village de Savoulx (*Pl. III Fig. 19.*) l'aspect géologique des montagnes présente la contre-partie des observations faites en Maurienne, c'est-à-dire à la base des schistes cristallins, puis des quartzites schisteux, puis des masses de gypses avec cargneules sur des calcaires magnésiens, et enfin les schistes calcaréo-talqueux surmontés par les calcaires du Briançonnais comme au Col de la Roue.

En allant d'Oulx à Cézanne, la route suit La Doire en remontant parallèlement aux schistes calcaréo-talqueux ; aux environs de Cézanne l'œil est frappé par l'aridité du paysage, qui se présente au-dessous du *col des Désertes et du pic de Chaberton.*

La vallée, de l'aspect le plus sauvage, offre un exemple plein d'intérêt d'une vaste Moraine glacière. Dans ces pierres, roulées et striées par les glaces, on rencontre surtout en blocs et en cailloux, des serpentines et des euphotides à larges lames de diallage semblables, du reste, à ce que l'on trouve au col du mont Genèvre.

En montant la première rampe du Mont Genèvre on suit les amas glacières et les schistes calcaréo-talqueux; à 4 à 5 kilom. au-dessus de Cézanne, on rencontre un amas assez puissant de roche serpentineuse parsemée de petites aiguilles *d'epidote*. L'epidote est un silicate qui approche beaucoup de la composition du verre à bouteille dont il a un peu la couleur, cette roche remarquable, accompagnant généralement les filons métalliques, je pense que la Société ne sera pas fâchée de voir un bel échantillon de cette roche recueillie par moi en 1833 dans les mines *d'argent des Chalanches* à Allemond, près le Bourg-Doisans (Isère).

Un peu avant d'arriver dans la rampe taillée dans les calcaires compactes, on retrouve les cargneules, puis le calcaire compact de l'infralias à avicula contorta, ce qui démontre bien que ce calcaire que nous avons vu au Perron des Encombres est bien le même aussi que celui de Briançon, dont il confirme définitivement l'assimilation à celui du Grand-Perron des Encombres, et classe les schistes calcaréo-talqueux au-dessous de l'infralias dont ils sont séparés par une zône de gypse avec cargneules.

Au passage connu sous le nom de passage des Barrières, les Roches calcaires du Briançonnais se présentent en place sur l'un et l'autre escarpement de la route taillée dans ces roches, et enfin on arrive sur le plateau du Col du Mont Genèvre borné à droite et à gauche par les montagnes arides entièrement formées par un grand développement de ces calcaires noirs du Briançonnais et laissant apercevoir dans le fond, l'admirable panorama des Pics granitiques et des glaciers du Mont Pelvou dont la hauteur est de 4,093 mètres.

En arrivant au bourg du Mont Genèvre la Société géologique a été parfaitement reçue par M. le chanoine Ancel, prieur de l'hospice impérial du Mont-Genèvre, qui a eu l'obligeance de mettre à la disposition de la Société tous les lits vacants de l'hospice.

Pour mettre la Société d'études diverses à même de se rendre compte des phénomènes géologiques et minéralogiques qui se sont accomplis dans ces montagnes, je lui soumets un croquis *(Pl III, Fig 20)* représentant le col du Mont Genèvre avec les montagnes qui l'avoisinent, avec indication des Roches qui les composent.

Dans le fond on aperçoit le *Mont Pelvou* situé à 30 kilomètres environ.

Cette montagne remarquable, et entièrement composée de roches granitiques (dites vulgairement Roches primitives) parce qu'elles composent en majeure partie la première croûte solide du globe, est un exemple des plus frappants des soulèvements produits par la chaleur centrale, alors que la croûte solide de la terre pouvait encore céder à la force d'expansion des gaz produits par la masse en fusion, ces pics de granit s'élevant jusqu'à une hauteur de 4,093 mètres et couronnant des masses énormes de la même Roche, ne peuvent être expliqués que par une force provenant du centre de la terre ; comme tous les géologues, M. Elie de Baumont en tête, le confirment chaque jour de plus en plus.

Les montagnes qui se montrent à droite et à gauche du croquis et qui constituent la montagne du Mont Genèvre, hauteur 3,686^m, appartiennent au calcaire infraliasique que nous avons vu à la montagne des Encombres et qui se prolonge jusqu'à Briançon, puis la montagne qu'on voit au troisième plan à gauche est composée des schistes calcaréo-talqueux que nous observons depuis le col de la Roue. Enfin la partie la plus intéressante de cet ensemble géologique est la présence, sur ce point élevé, des euphotides et variolites tant en place qu'à l'état de blocs erratiques en *A* et *B*. Ces Roches, très peu répandues en France, sont désignées sur la carte géologique de MM. Dufrenoy et Elie de Beaumont sous le titre général de Roches Plutoniques intercalées dans plusieurs formations, comprenant : 1° les porphyres rouges quartzifères ; 2° les serpentines et euphotides ; 3° les Diorites et Trapps. Ce sont ces deux dernières formations qui se montrent en abondance en *A* et *B* au Mont Genèvre. En *A*, les roches sont en place et comme on le voit, elles ont été produites par des matières provenant de la masse en fusion du globe qui sont venues remplir les fentes des terrains disloqués.

C'est ainsi qu'en ce point ces roches plutoniques traversent les schistes calcaréo-talqueux après avoir traversé les roches inférieures. Quant aux roches isolées *B* ou blocs erratiques, ils proviennent de ces mêmes roches, desquelles ils ont été détachés et parsemés dans le Col du Mont Genèvre à l'état de dépôts glaciaires, là où apparaissent aujourd'hui de verdoyantes prairies. Enfin, pour compléter l'étude du Col du Mont Genèvre, si l'on s'avance vers le centre de la masse éruptive en suivant la ligne de partage des eaux entre la source de la Durance *C*, et de la Doire, on observe avec le plus grand intérêt la transition de ces différentes roches à des serpentines et plus loin à des porphyres verts. Ces roches présentent d'autant plus d'intérêt qu'elles sont généralement rares à la surface du globe.

En quittant le Mont Genèvre la Société s'est rendue rapidement à Briançon où elle avait hâte d'arriver pour se reposer de ses fatigues, après huit jours de marche à travers les montagnes. La descente du Mont Genèvre a lieu sur les calcaires compactes du Briançonnais.

Je crois devoir signaler à la Société d'études diverses, *un arbuste* spécial à ces montagnes : l'abricotier sauvage (*Prunus arméniaca de Linné.*) C'est un arbrisseau s'élevant de 2 à 3 mètres de hauteur qui, au mois de septembre, était couvert de fruits ; mais autant l'abricotier cultivé donne un fruit agréable au goût, autant l'abricotier sauvage donne un fruit âcre et d'une saveur désagréable. J'ai pensé que cette petite digression pourrait avoir quelqu'intérêt pour les botanistes.

Nous arrivons maintenant à la fin de la troisième partie de cette notice, qui, je l'espère, ne présentera pas le moins d'intérêt à la Société, car il s'agit de l'application directe de la géologie à l'industrie, à une industrie productive puisqu'il va être question de la mine de galène argentifère de l'argentière, *l'une des plus riches de France.*

La *Pl. III Fig 21*, représente la mine de l'argentière exploitée dans un filon croiseur de galène argentifère encaissé dans des quartzites du terrain charbonneux dont il recoupe les bancs de superposition sous un angle presque droit.

Cette explication donne la signification d'un *filon croiseur*, c'est-à-dire d'un filon injecté non pas suivant l'inclinaison des roches qui le renferment, mais bien dans une fissure du terrain produite par une dislocation, formant un angle plus ou moins aigu, avec les strates de ce terrain.

La direction du filon tend du Nord-Est au Sud-Ouest magnétique, son inclinaison est de 30 à 35° et suit à peu près l'inclinaison naturelle du sol, ce qui en facilite considérablement l'exploitation.

La puissance du filon varie entre 2 et 3 mètres. Le minerai est composé en majeure partie de galène argentifère à grains fins, ce qui, comme nous l'avons dit au commencement de cette notice, dénote la richesse en argent. Cette richesse en argent est de 3 millièmes, soit 3 kilog. d'argent par tonne de minerai trié, ce qui est très satisfaisant et constitue l'un des minerais le plus riche de France avec celui des mines de Vialas (Lozère).

La mine de l'Argentière produit annuellement de 600 à 700 tonnes de *Schlick*, (ou minerai trié) renfermant 50 pour

100 de plomb, et 300 grammes d'argent par 100 kil. de plomb d'œuvre. Le minerai n'est pas traité sur les lieux mêmes ; il est envoyé aux fonderies de Marseille. L'exploitation des mines étant facile, elles produisent donc de beaux résultats à leurs propriétaires, qui trouvent naturellement que les sciences géologiques et minéralogiques combinées leur sont très profitables.

Avant de quitter la mine de l'Argentière, il est bon de dire que dans les environs, on trouve quelques traces d'un filon de cuivre carbonaté bleu et vert dans une roche quartzeuse, mais ce filon n'est pas assez riche pour être exploité.

En présence de ce cuivre carbonaté non exploitable, la Société d'études diverses ne sera pas fâchée, je le pense, de voir des échantillons du cuivre carbonaté le plus riche connu au monde.

Ces échantillons proviennent des mines de Chessy (Rhône) ils ont été très abondants autrefois et constituaient un minerai très riche, aujourd'hui c'est surtout du cuivre sulfuré qu'on y exploite.

L'un présente le cuivre carbonaté bleu cristallisé, dit azurite ; ce minerai contient jusqu'à 70 pour cent d'oxide de cuivre.

L'autre est une réunion de cuivre carbonaté vert et bleu.

Le cuivre vert est désigné sous le nom de malachite. A l'état de gros morceaux comme on en rencontre en Sibérie ; la malachite sert à faire des vases et autres objets d'art très estimés et d'un prix élevé.

Avant de terminer, disons deux mots sur le terrain charbonneux de l'argentière et du Briançonnais.

Un échantillon de roche bien moins brillant que ceux que

que je viens de vous faire passer, et qui traverse le terrain houiller de l'argentière, a été pour moi une rencontre heureuse, en ce sens qu'elle est entièrement semblable à une roche identiquement placée dans les terrains que j'ai exploités pendant près de 20 ans aux environs d'Angers (Maine-et-Loire), ce qui m'a servi à établir une corrélation entre ces deux terrains. De plus, quelques empreintes végétales trouvées dans les mines des Alpes et du Briançonnais m'ont fait faire un certain rapprochement.

L'un contenant des empreintes de roseaux ou calamites comme j'en ai rencontré en Anjou.

L'autre contenant des calamites et quelques feuilles de fougère comme j'en ai également rencontré en Anjou.

En parlant d'empreintes végétales des houillères des Alpes, je crois que la Société verra avec intérêt quelques empreintes végétales que j'ai recueillies dans d'autres localités et qui donnent une idée de la Flore antédiluvienne.

J'ai donc l'honneur de faire passer sous ses yeux une dizaine d'empreintes végétales des grès et des schistes houillers.

Je voudrais pouvoir joindre à cette série d'empreintes végétales un tronc de palmier que j'ai rencontré dans une exploitation dont j'ai dirigé les travaux, mais sa pesanteur (près de 100 kil.) s'y oppose.

Je remplace donc cet échantillon par un dessin fait sur les lieux mêmes, d'après nature, avant l'enlèvement de ce tronc d'arbre de son empreinte *Pl. III, Fig 23.*

La roche sur laquelle il repose sous un angle de 65° avec l'inclinaison des bancs, est un grès à grins fins très remarquable contenant beaucoup de feldspath et surnommé par les mineurs de l'ouest de la France (pierre carrée) à cause de son clivage en parallélipipèdes ; forme affectée du reste par toutes les roches feldspathiques.

Cette pierre carrée, que je n'ai rencontrée que dans cette zone charbonneuse, paraît lui être complètement spéciale.

Pour donner une idée générale des mines du Briançonnais, je dirai que la production de l'année 1860 a été de près de 7000 tonnes, dont les prix de vente aux lieux de consommation varient, suivant les distances, entre 6 et 15 fr. Comme on le voit, c'est du combustible à bon marché.

On avait l'espoir alors de voir la production augmenter d'année en année, ce qui, en effet, se réalise chaque jour.

L'emploi de ce combustible tend à se répandre de plus en plus, ce qui permettra de ménager les forêts qui, dans ce pays comme partout ailleurs, sont aujourd'hui bien clair-semées.

En déclarant close la session extraordinaire de la société géologique, le président, M. Studer, a fait un résumé dont je dois en terminant, citer les principaux passages.

1° Les faits constatés par la société doivent mettre fin à la discussion engagée depuis si longtemps sur l'âge des grès à anthracites des Alpes, puisqu'il a été bien constaté que si ces grès apparaissent en certains points, comme à la montagne des Encombres au-dessus du Lias, c'est que ce dernier terrain a été plusieurs fois replié sur lui-même ;

2° Au point de vue de la science géologique générale, les observations de la société ont mis hors de doute la réalité des renversements, des replis de terrains sur eux-mêmes, que certains géologues prétendaient être purement hypothétiques.

3° La découverte faite par M. l'abbé Vallet de *l'infralias à avicula contorta*, qui avait été reconnu depuis quelques années dans les Alpes de l'Autriche et de la Bavière, fournit dans les Alpes de la Maurienne et du Briançonnais un horizon nouveau qui facilitera à l'avenir les études des Alpes du Piémont et du Dauphiné.

En finissant M. Studer s'exprime ainsi :

« Il me reste à témoigner à la société géologique de France ma reconnaissance pour la distinction dont elle m'a honoré et pour la bienveillance dont elle m'a constamment entouré.

« J'y ai vu un témoignage de la politesse française, envers les étrangers.

« Mais nos véritables présidents et guides ont été MM. Lory, Vallet et Pillet.

« A eux donc revient l'honneur des résultats sanctionnés aujourd'hui par les observations de la société, et désormais acquis à la science. »

Après la clôture de la session géologique, j'ai voulu me rendre compte de l'ensemble des principales montagnes des Alpes en les voyant toutes d'un même point de centre. A cet effet, je suis allé à Turin et de là à *Superga*, monticule située à 7 kil. Nord-Est de Turin et élevé de 350^m environ au dessus de la vallée du Po. Ce monticule est surmonté d'une église construite en marbre blanc avec dôme principal, et galerie élevée d'environ 50^m : cette église est consacrée à la sépulture des princes de Sardaigne. De la galerie on découvre le plus beau panorama qu'on puisse imaginer.

Ayant essayé de représenter la partie comprenant la chaîne des montagnes, j'ai l'honneur de faire passer sous les yeux de la société :

1° Le tableau d'assemblage de ces principales montagnes, rayonnant vers le point de centre de *Superga*;

2° Un croquis représentant le monticule et le dôme de Superga;

3° Un croquis du panorama des Alpes, vu de Superga.

Pendant la lecture de cette notice, M. Rolland a fait passer sous les yeux de la Société divers échantillons se rapportant aux différentes coupes géologiques analysées ci-dessus, savoir :

PREMIÈRE PARTIE.

1. Chaux carbonatée lenticulaire.	}	Provenant des ardoisières de la Chambre.
2. Ardoise.		
3. Galènes à larges facettes.	}	Des mines d'Avre.
4. Galène argentifère.		
4. Galène à larges facettes.	}	Des mines de Rocheray.
6. Blende.		
7. Roche primitive avec surface de glissement.	}	Des rochers de l'Echaillon.
8. Chaux sulfatée.	}	Des rochers de l'Echaillon.
9. Schistes avec pyroxène.		
10. Cargneule blanche.	}	Passage du Trias au Lias.
II. Cargneule grise.		
12. Calcaire à *Avicula Contorta.*		Du flanc de la Maurienne.
13. Calcaire à *Avicula Contorta.*	{	De la montée du Mont Genèvre.
14. Dépôt des eaux Magnésiennes.		De la fontaine de Touvert.
15. Grès nummulitique. (Pierre de taille.)		Environs de Saint-Julien.
16. { Six variétés d'ocres naturels passant du jaune clair au rouge foncé.	{	Provenant des mines d'ocre de Claret.
17. Divers morceaux de houille sèche.	{	Provenant des mines de Saint-Michel.
18 Roche striée par le passage des glaces.	}	Provenant des rochers de l'Esseillon.
19. Roche d'Euphotide avec diallage.		
20. Calcaire avec cristaux d'Albite.		Du roc tourné.

DEUXIÈME ET TROISIÈME PARTIES.

1. Grès à pierre de taille.		De Modane.
2. Grès et schistes houillers.	{	Provenant du Tunnel des Alpes.
3. Cargneules grises.		Du Col de la Roue.

4. Calcaire compacte avec Lichen ca- } Col de la Roue.
   ractéristique.

5. Schistes lustrés avec cargneules.   Dito   dito.

6. Schistes lustrés, doux au toucher.   { Col de la Roue, versant
                                           d'Italie.

7. Grès houiller.   { Recueilli à l'avancement
                       du Tunnel, côté de
                       France.

8. Euphotide à larges lames de diallage.
9. Roche serpentineuse, avec épidote.
10. Epidote à longues aiguilles.   } Toutes ces roches re-
11. Cargneules.   cueillies sur la rampe
12. Calcaire à *Avicula Contorta*.   du Mont Genèvre.

13. Euphotide. — Roches éruptives.
14. Euphotide. (Variété noire.) Dito.
15. Diallage.   Dito.
16. Diallage, variété noire.   Dito.
17. Cristaux de diallage.   Dito.   } Toutes ces roches remar-
18. Autre variété de diallage.   Dito.   quables proviennent du
19. Granit et serpentine.   Dito.   Mont Genèvre, où elles
20. Diorite.   se présentent en place
21. Variolite.   et à l'état de blocs er-
22. Roche serpentineuse, avec surface de   ratiques.
    frottement.
23. Roche serpentineuse, détachée de la
    masse.

24. Galène argentifère, minerai peu riche.
25. Galène argentifère, minerai très riche.   } Recueillis dans les mines
26. Grès parsemé de galène (minerai   de l'Argentière.
    moyennement riche).

27. Cuivre carbonaté.   De l'Argentière.

28. Cuivre carbonaté bleu. (Azurite.)   { Provenant des mines de
29. Cuivre carbonaté vert. (Malachite.)   Chessy.
                                           (*A titre de comparaison.*)

30. Roche métamorphique.   { Traversant le terrain houil-
                              ler de l'Argentière.

31. Empreinte de calamite et de fougère. } Caractéristiques du terrain
                                            houiller des Alpes.
31 *bis*. Empreinte de calamite.   { Entre Briançon et Lar-
                                      gentière.

32. Calamites.
33. Plantes herbacées.
34. Grand roseau à côtes.
35. Roseau dont la partie intérieure a été remplacée par le grès houiller.
36. Roseau contourné, dito dito.
37. Roseau dont la partie intérieure a été remplacée par le fer carbonaté des houillères.
38. Grande fougère et roseaux sur du grès houiller.
39. Fougère sur grès houiller à grains fins.
40. Fougères et calamites, dito dito.
41. Fougères et prêles, dito dito.

Ces empreintes proviennent des bassins houillers de France et démontrent la similitude qui existe entre cette flore antédiluvienne et celle du terrain houiller des Alpes.

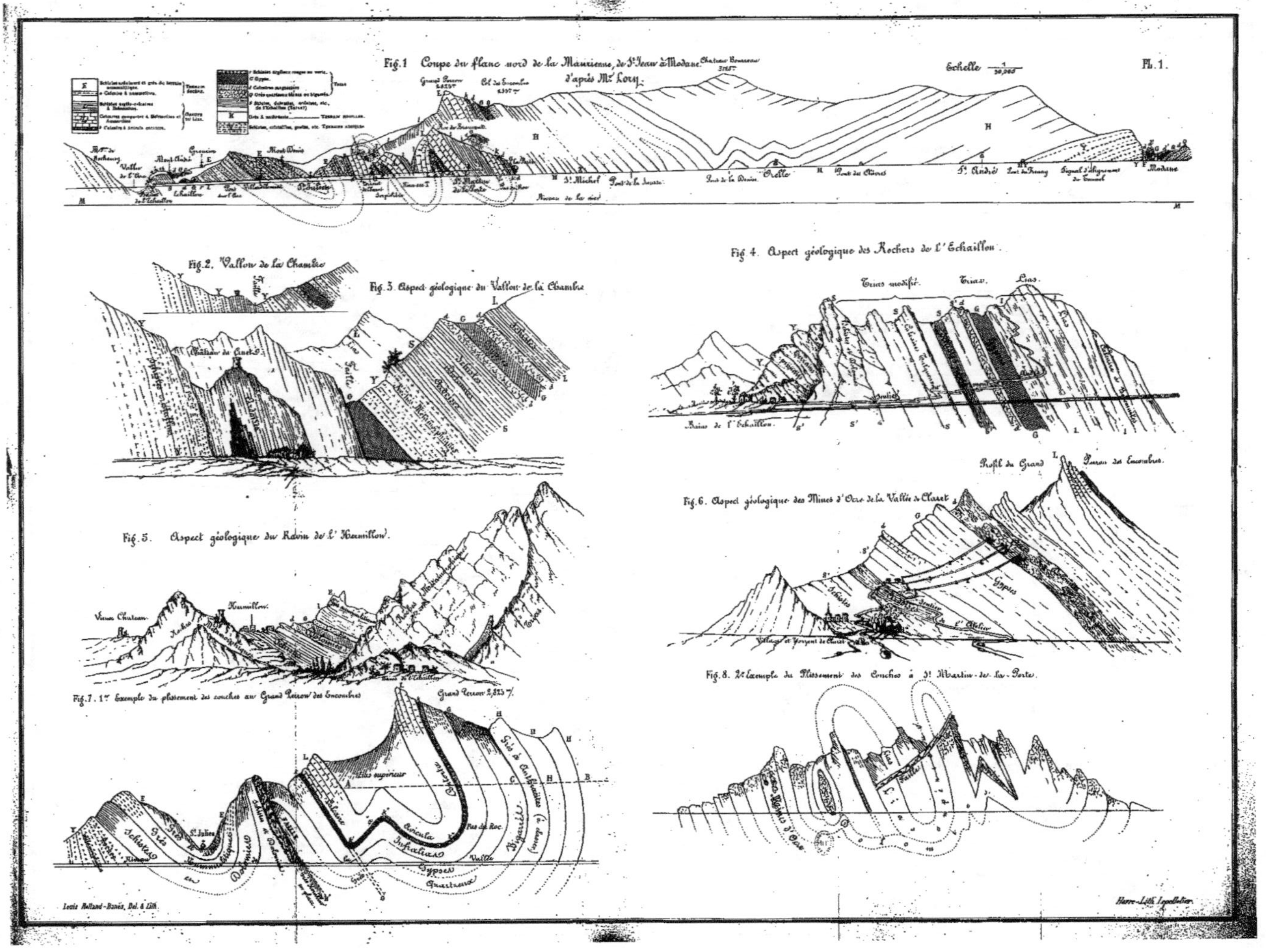
Pl. 1.
Fig.1 Coupe du flanc nord de la Maurienne, de S.t Jean à Modane, d'après M.r Lory.
Echelle 1/50,000
Fig.2. Vallon de la Chambre
Fig.3. Aspect géologique du Vallon de la Chambre
Fig.4. Aspect géologique des Rochers de l'Echaillon.
Trias modifié. Trias. Lias.
Ruines de l'Echaillon.
Fig.5. Aspect géologique du Ravin de l'Hermillon.
Vieux Château. Hermillon.
Fig.6. Aspect géologique des Mines d'Ocre de la Vallée de Claret.
Profil du Grand Perron des Encombres.
Gypses
Village et Torrent de Claret.
Fig.7. 1.er Exemple du plissement des couches au Grand Perron des Encombres. Grand Perron 2,823.m
Fig.8. 2.e Exemple du plissement des Couches à S.t Martin-de-la-Porte.
Louis Rolland-Banès, Del. & Lith.
Havre-Lith. Lepelletier.

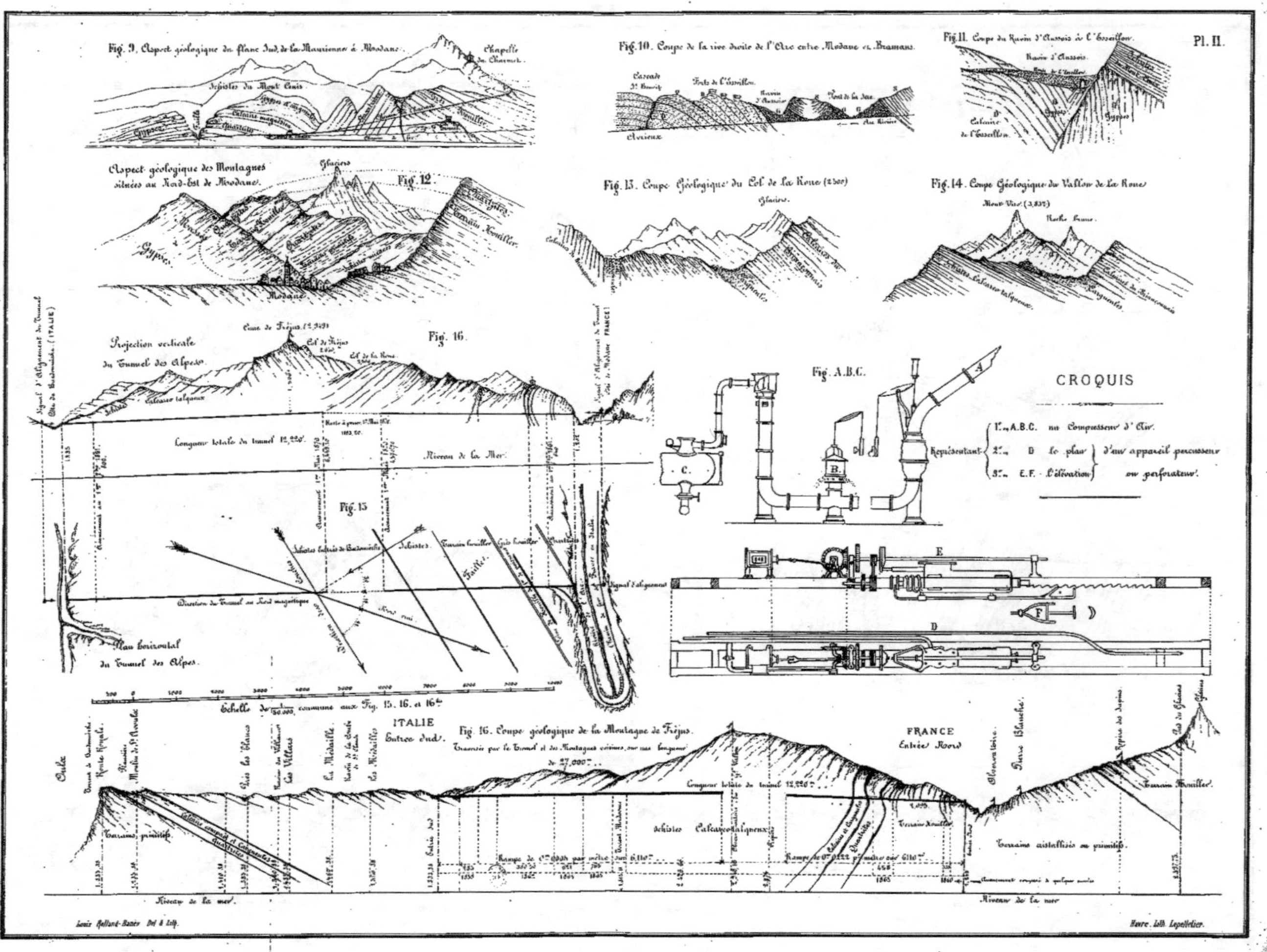

Pl. II.
Fig. 9. Aspect géologique du flanc Sud de la Maurienne à Modane.
Chapelle du Charmet.
Schistes du Mont Cenis.
Fig. 10. Coupe de la rive droite de l'Arc entre Modane et Bramans.
Cascade St. Benoit.
Forts de l'Esseillon.
Fig. 11. Coupe du Ravin d'Aussois à l'Esseillon.
Ravin d'Aussois.
Aspect géologique des Montagnes situées au Nord-Est de Modane.
Fig. 12.
Glaciers.
Terrain Houiller.
Gypse.
Modane.
Fig. 13. Coupe Géologique du Col de la Roue (2500).
Glaciers.
Fig. 14. Coupe Géologique du Vallon de La Roue.
Mont Vioz (3,857).
Roche Ferron.
Projection verticale du Tunnel des Alpes.
Fig. 16.
Cime de Fréjus (1er, 3491).
Col de Fréjus.
Col de la Roue.
Longueur totale du tunnel 12,220.
Niveau de la Mer.
Fig. 15.
Direction du Tunnel au Nord magnétique.
Plan horizontal du Tunnel des Alpes.
Echelle de 1/50,000 commune aux Fig. 15, 16 et 16bis.
Fig. A.B.C.
CROQUIS
1°. A.B.C. un Compresseur d'Air.
2°. D le plan
3°. E.F. l'élévation
Représentant d'un appareil percusseur ou perforateur.
ITALIE Entrée Sud.
Fig. 16. Coupe géologique de la Montagne de Fréjus.
Tracée par le Tunnel et les Montagnes voisines, sur une longueur de 27,000.
FRANCE Entrée Nord.
Suisse Blanche.
Terrain Houiller.
Longueur totale du tunnel 12,220.
Schistes Calcaires talqueux.
Terrains cristallisés ou primitifs.
Niveau de la mer.
Niveau de la mer.
Louis Gellard-Banès Del & Lith.
Havre. lith. Lepelletier.

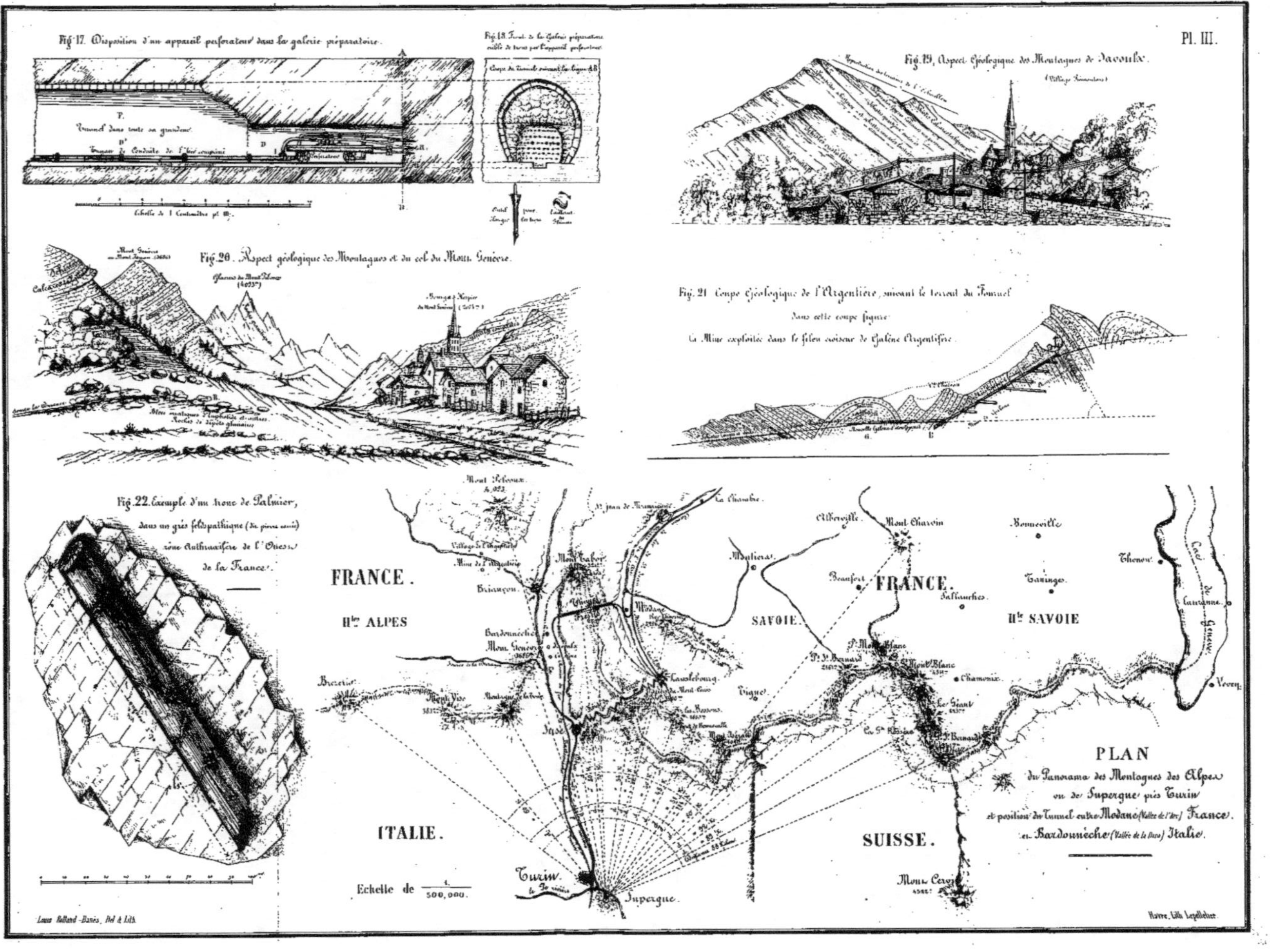

Pl. III.
Fig 17. Disposition d'un appareil perforateur dans les galeries préparatoires.
Fig 18. Front de la Galerie préparatoire
Fig 19. Aspect Géologique des Montagnes de Maurienne.
Fig 20. Aspect géologique des Montagnes et du col du Mont Cenis.
Fig 21. Coupe géologique de l'Algentière, suivant le travail du Tunnel
Fig 22. Exemple d'un banc de Calcaire,
FRANCE.
Hte ALPES
ITALIE.
SAVOIE.
FRANCE.
Hte SAVOIE
SUISSE.
PLAN
Paris, Lith Leplumes.
Imp Rebard-Paris, Iml à Lith.